博 物 之 旅

解读万物的密钥

数学

芦 军 编著

安徽美术出版社
全国百佳图书出版单位

图书在版编目（CIP）数据

解读万物的密钥：数学 / 芦军编著. —合肥：
安徽美术出版社，2016.3（2019.3重印）
（博物之旅）
ISBN 978-7-5398-6684-0

Ⅰ.①解⋯　Ⅱ.①芦⋯　Ⅲ.①数学—少儿读物　Ⅳ.①O1-49

中国版本图书馆CIP数据核字（2016）第047096号

出 版 人：唐元明　　　责任编辑：程　兵　史春霖
助理编辑：吴　丹　　　责任校对：方　芳　刘　欢
责任印制：缪振光　　　版式设计：北京鑫骏图文设计有限公司

博物之旅

解读万物的密钥：数学

Jiedu Wanwu de Miyue Shuxue

出版发行：安徽美术出版社（http://www.ahmscbs.com/）
地　　址：合肥市政务文化新区翡翠路1118号出版传媒广场14层
邮　　编：230071
经　　销：全国新华书店
营 销 部：0551-63533604（省内）0551-63533607（省外）
印　　刷：北京一鑫印务有限责任公司
开　　本：880mm×1230mm　1/16
印　　张：6
版　　次：2016年3月第1版　2019年3月第2次印刷
书　　号：ISBN 978-7-5398-6684-0
定　　价：21.00元

目录

你知道数的来历吗

我们每天都在和数打交道，那你知道这些数是从哪里来的吗？它们又是在什么时候出现的呢？因为数产生的年代太久远了，根本没有办法去考证，但有一点是肯定的，那就是数的概念与计数的方法早在文字出现之前就已经发展起来了。

早在原始时期，人类为了生存，必须每天都出去打猎和

采集野果作为食物。有时他们满载而归，可有时他们却空手而回。有时带回来的食物多得吃不完，有时又不够吃。所获食物的这种在数和量上的变化，让人类逐渐产生了对数的认识。并且随着社会的不断发展，简单的计数也就不可避免地产生了。例如，一个部落有必要知道它有多少位成员，有多少敌人，一个人也要知道他羊圈里面的羊是不是少了等。可是，当时各地区、各民族的人们是怎样计数的呢？根据考古证据表明，人类在计数时，均不约而同地使用了"一一对应"的方法。如有的部落的少女习惯性地在颈上佩戴铜环，而铜环的个数则等于她的年龄，还有的地方的人们经常扳手指头来计数，这其实都是一一对应方法的具体表现。

　　由于社会的发展和人们交流的需要，随之便产生了用语言来表述一定量的数目，人们把计数的结果用符号记录下来，称作计数。在我国古代文字未出现时就有了结绳计数；在象形文字出现以后，便出现了文字计数。古老的中国在3000多年前的殷商甲骨文中，便有从1到10的全部数字了。例如"1"用"—"表示，"2"用"="表示，"3"用"≡"表示等。

这些符号到后来逐渐演变为"一、二、三……十"等文字。在南美有一个部落的人拿"中指"来表示数词"三"，他们便把"三天"说成"中指天"。他们还把"一、二、三"在字面上当作"一颗谷粒""两颗谷粒""三颗谷粒"。从用具体的事物来表示数目到用很抽象的符号来表示数目，中间经过了很漫长的过程。

什么是数学

我们从小就开始学数学，那你知道什么是数学吗？简单说来，数学就是研究现实世界中数量关系和空间形式的科学，即研究数和形的科学。数学一直是人类从事实践活动的必要工具。数学所研究的内容随着社会的进步和发展，一直在不断地发展和扩大。

就数而言，从自然数的计数和计算开始，逐步发展到有理数、无理数、实数、复数理论和代数方程理论等。就形而言，

从平面几何发展到空间立体几何、解析几何等。从 20 世纪 40 年代电子计算机诞生后，数学的发展更快、分支更多了。比如数理逻辑、系统工程等，雨后春笋般地涌现。

　　数学是基础教育中最基本的课程之一。因此，我们作为学生，一定要掌握数学基础知识，努力培养和提高自己的计算能力、逻辑思维能力、空间想象能力以及数学应用能力。

什么是自然数

当我们在数物体时，用来表示物体个数的 0、1、2、3、4、5、6、7、8、9、10……就叫作自然数。在自然数中，"0"是最小的，任何一个自然数都是由若干个"1"组成的。所以，"1"是自然数的单位。如果从"1"起，把自然数按照后面的一个数比

前面的一个数多"1"的顺序排列起来，就得到一个数列：1、2、3、4、5……这个由全体自然数依次排列成的数列叫作自然数列。

自然数列有以下性质：

1. 自然数列有起始数，"1"是自然数列的起始数。

2. 自然数列是有序的，即自然数列每一个数的后面都有一个而且只有一个后继数。

3. 自然数列是无限的，即自然数列里不存在"最后"的数。

什么是函数

在某一过程中可以取不同数值的量,叫作变量;在某一过程中保持一定数值的量,叫作常量,表示常量的数叫作常数。例如:一台抽水机每秒钟抽水 20 千克,那么抽水总量 y 和时间 x 有下面的关系:$y=20x$。x、y 都可以取不同的数值,都是变量,20 千克在抽水过程中是保持不变的量。对于自变量的

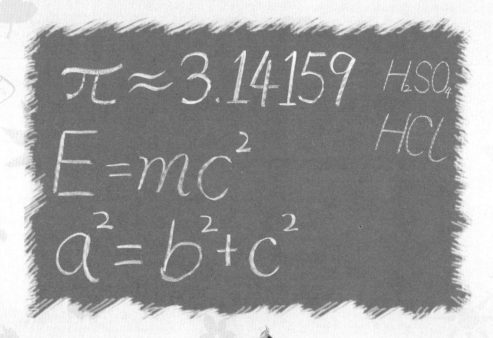

每一个确定的值，另一个变量都有确定的值和它对应，这样的变量叫作自变量的函数。如上例，时间的值可以在 x≥0 的范围内任意选取，对于 x 的每一个确定的值，抽水总量 y 都有唯一的值和它对应。

因此，y 是 x 的函数。

如果 y 是 x 的函数，一般可以记作：y=f（x）。自变量 x 的取值范围叫作函数的定义域。函数包括：一次函数（y=x+5）、正比例函数（y=3x）、反比例函数（y=k/x，k 为常数，k≠0，x、y≠0）、二次函数（y=x²）。

常见的数字有哪些

1. 中国数字：我国汉字中以及过去商业中通用的计数符号，有小写、大写两种。

小写：〇、一、二、三、四、五、六、七、八、九、十等。

大写：零、壹、贰、叁、肆、伍、陆、柒、捌、玖、拾等。

2. 罗马数字：罗马人创造的计数符号。基本的共有七个：I（表示1）、V（表示5）、X（表示10）、L（表示50）、C（表示100）、D（表示500）、M（表示1000）。

3. 阿拉伯数字：共有十个，0、1、2、3、4、5、6、7、8、9。由于它书写简单，计数方便，易于运算，所以早就成为国际通用的数字。数学中所说的数字一般是指阿拉伯数字。

中国数字

对我们来说最熟悉的是中国数字，它有大写、小写两种表示方法。

大写：零、壹、贰、叁、肆、伍、陆、柒、捌、玖、拾、佰、仟、萬等。

小写：〇、一、二、三、四、五、六、七、八、九、十、百、千、万等。

为什么会有大小写区分呢？有这样一个小故事。

据说，在朱元璋统治的明朝初年，有

四大案件轰动一时，其中有一个重大贪污案，这就是"郭桓案"。郭桓曾任户部侍郎，任职期间勾结地方官吏，侵吞政府许多钱财，引起了老百姓的不满。后来，他被人告发，案件牵连了许多大小官员和地方官僚、地主。朱元璋对此大为震惊，下令将与本案有关的数百人一律处死。同时，朝廷也制定了严格的惩治经济犯罪的法令，并在财务管理上实行了一些新的措施。其中有一条就是把记载钱粮、税收数字的汉字"一二三四五六七八九十百千"改用大写"壹贰叁肆伍陆柒捌玖拾佰仟"，以避免有人在数字上做手脚，堵塞了财务管理上的一些漏洞。中国数字的大写也就由此产生了。

罗马数字

　　罗马数字就是罗马人创造的数字，它的符号一共有7个：I(代表1)、V(代表5)、X(代表10)、L(代表50)、C(代表100)、D(代表500)、M(代表1000)。这7个符号的位置不论怎样变化，它所代表的数字都是不变的。它们按照下列规律组合起来，就能表示任何数：

　　①重复次数：一个罗马数字符号重复几次，就表示这个数的几倍。如：挂钟上的3就用"Ⅲ"表示。

②右加左减：一个代表大数字的符号右边附一个代表小数字的符号，就表示大数字加小数字，如：6用"Ⅵ"表示；一个代表大数字的符号左边附一个代表小数字的符号，就表示大数字减去小数字的数目，如：4用"Ⅳ"表示。

③上加横线：在罗马数字上加一横线，表示这个数字的一千倍。如："$\overline{XV}$"表示15000。

阿拉伯数字

我们现在计数用的 1、2、3、4、5、6、7、8、9、0，被称作阿拉伯数字，它是现在世界各国通用的计数符号。阿拉伯数字是由古印度人发明的。大约在公元 8 世纪，印度的使节来到当时的阿拉伯帝国，他们献给国王一件特殊的礼物——一本用新的计数方法编制的天文历法书。阿拉伯国王觉得这件礼物有巨大价值，于是要国内的数学家在全国宣传推广这种新的计数方法。有一位叫花拉子米的数学

家，还专门写了一本书叫《印度的计算术》。书中介绍了这些印度数字的写法，以及印度人的十进位制计数法和以此为基础的算术知识。公元 12 世纪初，意大利科学家斐波那契用拉丁文写成《算盘书》，又将印度数字介绍给欧洲人。欧洲人误以为是阿拉伯人发明的，就把它叫作阿拉伯数字了。

谁创造了阿拉伯数字

我们在学习数学时，总离不开阿拉伯数字——1、2、3、4、5、6、7、8、9、0。你知道这些数字是谁创造的吗？是阿拉伯人吗？事实上，这些数字并不是阿拉伯人创造的，而是由印度人创造的，在公元8世纪前后才传到阿拉伯。那为什么把它叫作"阿拉伯数字"呢？

这里面还有一个小故事，让我们一起来看看吧！公元7

世纪，团结在伊斯兰教旗帜下的阿拉伯人征服了周围的民族，建立了东起印度、西经非洲到西班牙的撒拉孙大帝国。后来，这个伊斯兰教大帝国分裂成东、西两个国家。由于这两个国家的历代君王都很重视科学与文化，所以两国的首都都非常繁荣。特别是东都巴格达，西来的希腊文化和东来的印度文化都汇集到这里。阿拉伯人将两种文化理解消化，从而创造了独特的阿拉伯文化。在公元 750 年后的一年，有一位印度的天文学家拜访了巴格达王宫，他带来了印度制作的天文表，并把它献给了当时的国王。印度数字 1、2、3……以及印度式的计算方法也正是这个时候被介绍给阿拉伯人的。由于印度数字和印度计数法既简单又方便，它的优点远远超过其他的计数法，所以，它很快又被阿拉伯人广泛传播到欧洲各国。因此，由印度产生的数字被称作"阿拉伯数字"。

阿拉伯数字传入中国是在公元 13 世纪以后，1892 年才在我国正式被使用。

几何学是如何产生的

几何学这个名词，在希腊文中就是"量地术"的意思。3000多年前的尼罗河，年年泛滥成灾，汹涌的洪水经常会淹没沿河两岸的土地，不断变化的土地面积需要测量，而几何知识也由土地测量逐渐形成。此外，尼罗河三角洲南面，有70多座金字塔，人们在建造这些巨大建筑物的过程中，也积累了丰富的几何学知识，后来几何学便发展成为一门独立的学科，被誉为"理智的财富"。在古希腊，人们十分重视对几何学的

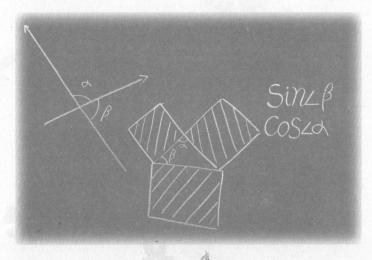

研究，当时一个人若不懂几何学，就不能被认为是有学问的人。

我国是文明古国之一，几何学上的成就也很多，如商高定理、祖冲之的圆周率、刘徽的割圆术等，都比西方国家要早得多。

大约在公元前300年，古希腊数学家欧几里得把几何知识加以系统的整理，写了一本书，叫作《几何原本》，后来被译成多国文字。今天各国的学校里讲授的几何学的主要内容也是来自欧氏几何学。

明代万历三十五年（1607年），我国科学家徐光启与意大利传教士利玛窦合作翻译了《几何原本》的前六卷。徐光启将英文"几何"一词，即"geometry"的字头"geo"音译为"几何"，而汉文"几何"的意义是"多少"，这个译名与原名的音与义都很贴切，译得很好。于是，"几何学"一词开始在我国广泛被使用。

怎样学好数学

　　刚接触数学时，你是否觉得学起来很困难？怎样才能学好数学呢？现在我们简单地介绍几种学习方法。

　　1.课前预习，然后从中找出疑难问题，等到上课时，可以有的放矢地认真听讲。

　　2.多思考，多问几个为什么，并善于总结和掌握规律。

3. 手脑并用，勤动脑，多动手，在课堂上多发言、多练习。

4. 学过的知识要学会消化巩固，温故而知新。

5. 做练习时，要仔细读题，认真验算。对于同一道题，要开动脑筋，做到一题多解。

6. 考试过后，要注意分析和总结经验。

只有这样，你才能把数学学好。

远古时期人类是怎样计数的

人们一开始是利用手指来计数的。但随着商品经济活动的复杂化，有时物体的数目比人手指的数目还要多，用手指计数就解决不了问题。于是，人们便开始利用周围的物体当作计数的工具，如在小棍子上画记号、放牧时利用石子计数、在绳子上打结，等等。直至今天，在世界的某些地方，仍然有一些牧人用在棒子上刻痕的方法来计算他们的牲畜数。

谁创造了常用的数学符号

加号（＋）、减号（－）是15世纪德国数学家魏德曼首创的。他在横线上加一竖，表示增加、合并的意思；在加号上去掉一竖表示减少、拿去的意思。

乘号（×）是17世纪英国数学家欧德莱最先使用的。因为乘法与加法有一定的联系，所以他把加号斜着写表示相乘。后来，德国数学家莱布尼茨认为"×"易与字母混淆，主张用"·"代替"×"，至今"×"与"·"并用。

除号（÷）是17世纪瑞士数学家雷恩首先使用的。他

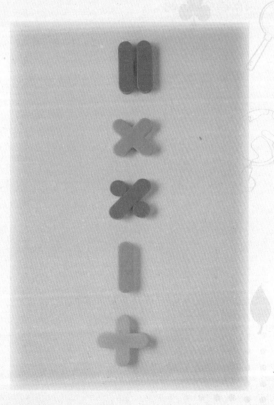

用一道横线把两个圆点分开，表示分解的意思。后来莱布尼茨主张用"："做除号，与当时流行的比号一致。现在有些国家的除号和比号都用"："表示。

等号（＝）是 16 世纪英国学者列科尔德创造的，他用两条平行而又等长的横线来表示两数相等。

中括号（［　］）和大括号（{}）是 16 世纪英国数学家魏治德创造的。

大于号（＞）和小于号（＜）是 17 世纪的数学家哈里奥特创造的。

你知道小·"九九"吗

　　小"九九"是乘法口诀的一种，乘法口诀在我国很早就产生了。早在春秋战国时期，九九歌诀就已经广泛地被人们使用。在当时的许多著作中，都可见引用的部分乘法口诀。完整的乘法口诀最早见于《孙子算经》，从"九九八十一"起到"一一如一"总共四十五句口诀。敦煌发现的古"九九术残木简"上也是从"九九八十一"开始的。"九九"之名就是取口诀开头

九九乘法口诀表

一一得一								
一二得二	二二得四							
一三得三	二三得六	三三得九						
一四得四	二四得八	三四十二	四四十六					
一五得五	二五一十	三五十五	四五二十	五五二十五				
一六得六	二六十二	三六十八	四六二十四	五六三十	六六三十六			
一七得七	二七十四	三七二十一	四七二十八	五七三十五	六七四十二	七七四十九		
一八得八	二八十六	三八二十四	四八三十二	五八四十	六八四十八	七八五十六	八八六十四	
一九得九	二九十八	三九二十七	四九三十六	五九四十五	六九五十四	七九六十三	八九七十三	九九八十一

的两个字。大约在宋朝，九九歌诀的顺序才变成和现代用的一样，即从"一一如一"起到"九九八十一"止。元代朱世杰著《算学奇梦》一书所载的四十五句口诀，就是从"一一"到"九九"，并称为"九数法"。

为什么要建立进位制

在人类早期，人们为了统计猎物、果实等物体，逐渐发明了数，人的手指是最早的计数工具。随着生产力的不断发展，人们在实践中接触的数目越来越多，也越来越大，因而需要给所有自然数命名。但是自然数有无限多个，如果对每一个自然数都给一个独立的名称，不仅不方便，而且也不可能，因而产生了用不太多的数字符号来表示任意自然数的要求。于是，在产生计数符号的过程中，逐渐形成了不同的进位制度。可能由于人们常用十个手指

	加 法	减 法	乘 法	除 法
法则	0+0=0 0+1=1 1+0=1 1+1=10	0-0=0 0-0=1借位1 1-0=1 1-1=0	0×0=0 0×1=0 1×0=0 1×1=1	0÷1=0 1÷1=1
范例	1010 +0011 1101	1101 - 11 1010	1010 × 11 1010 1010 11110	11 1111 101 101 101 0

来计数的缘故，多数民族都采用了"满十进一"的十进制。

按照十进制计数法，我国是这样给自然数命名的。自然数列的前9个数各有单独的名称，即：一、二、三、四、五、六、七、八、九；按照"满十进一"规定计数单位，10个一叫作十，10个十叫作百，10个百叫作千，10个千叫作万，10个万叫作十万等。这样，每4个计数单位组成一级，个、十、百、千称为个级，万、十万、百万、千万称为万级，亿、十亿、百亿、千亿称为亿级等。其他自然数的命名都由前9个数和计数单位组合而成，例如，一个数含有3个千，4个百，5个十，6个一，就称作三千四百五十六。并且规定，除个级外，每一级的级名只在这一级的末尾给出，例如，一个数含有3个百万，4个十万，

十进制位置代表的值（因数）

位置（第几）	因数
0（个位）	10^0
1（十位）	10^1
2	10^2
3	10^3
4	10^4
5	10^5
6	10^6
7	10^7
8	10^8
9	10^9
10	10^{10}
11	10^{11}
12	10^{12}
13	10^{13}
14	10^{14}
15	10^{15}

2个万，就称作三百四十二万。

世界上许多国家的命数法不是四位一级，而是三位一级，10个千不给新的名称，就叫十千，到千千才给新的名称——密（译音），这样从低到高，依次是：个、十、百（个级），千、十千、百千（千级），密、十密、百密（密级）等。

你知道二进位制吗

逢二进一的进位制叫作二进制。

在二进制中，只需用0和1两个数就能表示所有的数，根据逢二进一的规律，2要用10表示，3要用11表示，4要

十进位制	0	1	2	3	4	5	6	7	8	9	10	11	12	13	14	15
二进位制	0	1	10	11	100	101	110	111	1000	1001	1010	1011	1100	1101	1110	111
八进位制	0	1	2	3	4	5	6	7	10	11	12	13	14	15	16	17
十六进位制	0	1	2	3	4	5	6	7	8	9	A	B	C	D	E	F

用 100 表示……书写二进制数字，为了与十进制区别开来，一般在数的右下角标上小字号 2，如 10_2、11_2 等。

目前的电子计算机广泛使用二进制，而不是十进制或其他进制，为什么呢？因为电子计算机没有手，没有十个指头，它只有两种情况，一种是通电，另一种是断电，所以只能用二进制。用了二进制，电子计算机才能够根据通电、断电两种不同情况，进行自动计算。

博 物 之 旅

十进制计数法

　　在远古时代，我们的祖先在生产劳动中常常需要计数，当时生产水平低，劳动收获少，计数时用十个手指就可以了。随着生产的发展，劳动的收获越来越多，屈指难数了，于是满十就在地上放一块小石子或一根小树枝，表示一个十。十进制计数法是我们的祖先在长期的生产劳动中，经过反复实践，不断探索创造出来的。

一添上一就是二，二添上一就是三，三添上一就是四，依次得到五、六、七、八、

九。十个一是十，十是新的计数单位。

以后十个十个地数，十个十是一百；一百一百地数，十个一百是一千；一千一千地数，十个一千是一万。

……………

一、十、百、千、万……都是计数单位，相邻的两个计数单位间的进率是十，这样的计数法就是十进制计数法。

"代数学"一词是如何来的

　　我们经常见到在小学数学课本中用字母表示数及方程，这些内容在范畴上都属于代数学。那么"代数学"一词又来自何处呢？原来"代数学"一词来自拉丁文"Algebra"，而拉丁文又是从阿拉伯文演变而来的。

　　公元825年左右，阿拉伯数学家阿勒·花勒子模写了一本书，名为《代数学》或《方程的科学》。作者认为他在这本小小的著作里所选的材料是数学中最容易使用和最有用处的，同时也是人们在处理

日常事情时经常需要用到的。这本书的阿拉伯文版已经失传，但12世纪的一册拉丁文译本却流传至今。在这个译本中，"代数学"被译成拉丁语"Algebra"，并作为一门学科。后来英语中也用"Algebra"。"代数学"这个名称，在我国是1859年才被正式使用的。这一年，我国清代数学家李善兰和英国人伟烈亚力合作翻译了英国数学家棣么甘所著的*Element of Algebra*，正式定名为《代数学》。后来清代学者华蘅芳和英国人傅兰雅合译了英国学者瓦利斯的《代数术》，卷首有："代数之法，无论何数，皆可以任何记号代之。"说明了所谓代数，就是用符号来代表数字的一种方法。

数可以说成数字吗

同学们，你觉得"5"是数还是数字呢？为什么说它是数或者数字呢？它们一样吗？有没有什么区别呢？

首先，我们先来看看数和数字的概念。数是根据人类生活实际需要而逐渐形成和发展起来的。"数"是表示事物的量的基本数学概念，而"数字"是用来表示计数的符号，又叫作数码。通过概念，我们知道数和数字之间最大的不同，就是数表示的是量的概念，而数字只是用来计数的。例如符号675（自然数）、5/9（分数）、-3（负数）、1.78（小数）

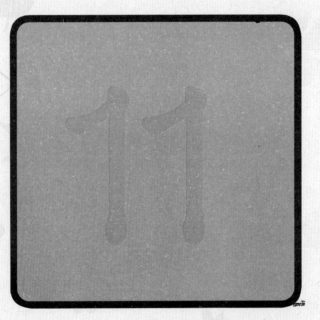

等，这些都是数，因为它们表示的是量。

　　"5"是数还是数字呢？其实，它既可以表示数，也可以表示数字，在这种情况下，数和数字是一样的。也就是说，当一个数只有个位数字时，这个数字既可以看成数字又可以看成数。但有时需要用两个或两个以上的数字表示一个数，例如783，它与数字就不同了，"783"是表示数，"7、8、3"才是数字。

数学可以说成算术吗

你是否听过有人把"数学"称为"算术"？那"数学"和"算术"是一回事吗？它们之间有什么区别呢？

首先，我们来看看什么是"算术"。算术包括整数、小数、分数的加减乘除法和它们在日常生活、生产中的应用。算术里不讲负数，也不讲用字母组成的代数式的运算。如果讲到负数、方程，那就是代数的内容了；如果讲到有关图形的许多性质，则是几何的内容了。算术、代数、几何都是数学的分支学科。可

见，算术只是数学的一部分，跟数学不是一回事，不可相提并论。另外，数学还有很多分支学科，如微积分、数论、集合论、概率论等。

　　我们现在所学的小学数学课本中除了算术外，还有代数、几何等方面的初步知识，所以小学课本不叫算术，而叫数学。

"1+1" 可以等于 "1" 吗

　　我们刚接触数学时，就已经知道了 1+1=2，那时，如果你的答案不是 2，那么你就是错误的。但是，当我们学了二进位制的计数法后，就知道了 1+1 并不仅仅等于 2。在二进位制中，1+1=10，因为在二进位制中根本没有 2 这个数字。那么 1+1 能不能等于 1 呢？这就需要我们借助逻辑代数了。

　　在逻辑代数里，与二进位制一样，只有两个符号：1 和 0。二进位制里的 "1" 是真正的数字，"0" 则表示没有，它也是真正的数字。但在逻辑代数里，"1" 和 "0" 并不是数字而是符号。在一般的逻辑电路中，"1" 表示电路是通的，"0" 表示电路是断的。

　　例如：在一个电路中，E 是电源，P 是一只小灯泡，电路里通了电，小灯泡 P 就发光，这时的符号是 1；电路里断了电，小灯泡 P 就不发光，这时的符号是 0。A 和 B 是两个开关，接上了就通电，拉开了就断电。现在如果开关A拉上，开关B拉开。那么，电路通过开关A接通了，灯泡P亮了，得1。

1+1=2

　　如果开关A拉开，开关B拉上。那么，电路通过开关B就接通了，灯泡P亮了，也得1。

　　现在如果把开关A和开关B都拉上，两条电路都接通了，那就应该是1+1了。但灯泡P只能发同样的亮光，因此也还是1。所以，用数学式子来表示，就是1+1=1。

　　因此，在逻辑代数里，1+1=1。

"0" 只表示没有吗

我们在上学之后，刚开始学习算术，便认识了"0"这一数字，它是我们所学过的最小的自然数了。那你知道 0 有什么含义吗？如果我们用手指数铅笔的数目，1 表示有一支铅笔，0 则表示没有铅笔，也就是说，0 的意思是没有。

是不是 0 只表示没有呢？它还有其他的意义吗？比如：0℃中的 0 表示什么含义呢？它表示冰和水混合在一起的那个温度，自 0℃以上为零上，零上 17℃～22℃即为最适于人类生活的温度；自 0℃向下则称为零下，零下温度，绝对值越大，则越寒冷。

0 本身充满着矛盾。任意一个数与 0 相加，还是那个数；但 0 与任何一个数相乘，乘积都是 0。0 在数学上是一个十分

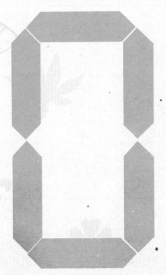

重要的数字，0 至 1 的飞跃便体现了自无到有的过程。而生活中的 0 表示一种状态，它的含义并不是算数内的"没有"所能涵盖的，它还为"有"奠定了基础。

约数和倍数是"双胞胎"吗

a、b是任意两个整数，其中b≠0。如果a能被b整除，那么a叫作b的倍数，b叫作a的约数；如果a不能被b整除，那么，a不是b的倍数，或者说b不是a的约数。例如8÷4=2，8是4的倍数，4是8的约数。

约数和倍数表明的是两个数之间的关系，所以是互相依存的"双胞胎"。12÷3=4，只能说，12是3的倍数，3是12

8÷2=4

8是4的倍数
4是8的约数

倍数　约数

的约数，而不能说 12 是倍数，因为 12 是 3 的倍数，12 却不是 5 的倍数；也不能说 3 是约数，因为 3 是 12 的约数，3 却不是 10 的约数。

"0" 是偶数还是奇数，它有没有约数和倍数

我们都知道，能被2整除的数是偶数，不能被2整除的数是奇数。因为0能被2整除，所以0

是偶数，不是奇数。同时，在自然数范围内，0可以被任何自然数整除，所以0是任何自然数的倍数，任何自然数都是0的约数。因为0不能做除数，所以0没有倍数。

"1" 为什么既不是质数也不是合数

一个自然数，除了 1 和它本身以外，还能被其他数整除的话，它就是合数。如 8，除了被 1 和 8 整除外，还能被 2 和 4 整除；21 除了能被 1 和 21 整除外，还能被 3 和 7 整除。所以说，8 和 21 都是合数，自然数 1 不属于这种情况，所以它不是合数。

那么 1 是不是质数呢？首先，我们来看质数的定义：一个大于 1 的自然数，除了 1 和它本身外，再不能被其他数整除，这样的数叫作质数，1 只能被 1 和它本身整除，所以 1 应该是质数。

但事实上并非如此。我们学习质数就是为了在分解质因数时，先用一个能整除这个合数的最小质数去除，假如所得的商还是合

数，再用一个能整除这个商的最小质数去除，直到得出的商是质数为止。然后，把各个除数及最后的商写成连乘的形式。如：把 210 分解质因数。210 先用最小的质数 2 去除，再用比 2 大的质数 3 去除，接着再用一个能整除 35 的最小质数 5 去除，商为 7，是个质数。到此，分解完毕，将各个除数及最后的商写成质因数连乘的形式：$210=2×3×5×7$。试想一下，如果 1 是质数，在分解一个合数为质因数连乘的时候，用一个能整除这个合数的最小质数去除，那么这个最小的质数应该是 1。任何数被 1 整除还得原来的数，所以所得的商一定还是原来那个合数，再用一个能整除这个商的最小质数去除，那么这个最小的质数仍然还是 1，所得的商仍然还是原来的数……如此往复循环，合数又怎么能分解为质因数连乘的形式呢？$210=1×1×1×1×……210$ 这个合数就成了难分难解的数了。

那如果先用其他质数去除，最后再用质数 1 去除，该用多少个 1 合适呢？把 210 分解成质因数连乘的形式，就会出现下面的结果：

$210=2×3×5×7×1$

210＝2×3×5×7×1×1

210＝2×3×5×7×1×1×1

⋯⋯⋯⋯

这就是说，在分解质因数连乘的式子里，可以随意写因数1。因为1与任何数相乘还得原来的数，它写多写少、写或不写，不仅毫无意义，还给分解质因数添乱。

说到这，你还觉得1是质数吗？

你知道整除和除尽的区别吗

　　整除和除尽都是对没有余数的除法来说的，由于被除数、除数和商所属的范围不同，它们的含义也就不一样。现在我们先来看一组例子，看看它们到底有什么共同点和不同点。

$72 \div 9 = 8$　　　　$124 \div 124 = 1$

$17 \div 5 = 3.4$　　　$8 \div 0.2 = 40$

$9 \div 0.3 = 30$　　　$3.5 \div 0.5 = 7$

　　从上面的例子中我们可以看出，除了有余数的除法外，其余都是除到某一位时余数是 0，所以称被除数能被除数除尽。在余下的五个式子中，有两个式子被除数、除数、商都是整数而没有余数，其余的被除数、除数、商不都是整数。所以，这两个式子称被除数能被除数整除。

　　从中我们可以得出，整除必须具备两个条件：一是被除数、除数都是自然数，二是商是整数而没有余数。也就是说，能整除的必定能除尽，但能除尽的却不一定能整除。整除是除尽的一种特殊情况。

$72÷9=8$
$124÷124=1$

整除
（被除数、除数、商都是整数而没有余数）

$17÷5=3.4$
$8÷0.2=40$
$9÷0.3=30$
$3.5÷0.5=7$

除尽
（被除数、除数、商不都是整数）

为什么要"先乘除，后加减"

为了防止四则混合运算时发生计算混乱，确保计算得到一个已经确定的结果，人们先后结合生活和实际生产的需要，在四则混合运算中明确规定要"先乘除，后加减"。为什么科学家会如此规定呢？它的理由如下。

先加减后乘除

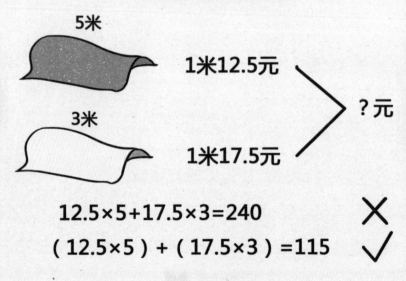

$12.5×5+17.5×3=240$ ✗

$(12.5×5)+(17.5×3)=115$ ✓

1. 这样规定运算顺序，更加符合生活实际的需要。请看下面的例子：张红到布店买了 5 米红布，每米红布 12.3 元，又买了 3 米白布，每米白布 17.5 元，买这些布一共需要用多少元钱？列式为：12.3×5＋17.5×3。按照实际买布情况，先算出买红布和白布各要付多少钱，然后算出一共要付多少钱。即应先算乘法，再算加法。

2. 在含有字母的式子中，我们会发现用乘、除号相互联结的算式，例如：a×3、b÷5 等可以被表示为 3a、$\frac{1}{5}$ b，这些都可看作一项，而用加减号连接的式子，例如 x−5、y＋3 等则分别表示两项。通常在计算时，我们会把一项看成一个数，这样可使计算变得简单。

3. 从数学的发展形式上看，加减法是最基本的运算，它们是数量变化的最低级的表现形式，先有加减法，而乘除法则是在加、减运用的基础上产生和发展起来的。相同的数字连加产生乘法，相同的数字连减产生除法。由此可见，乘除法比加减法更高级，在计算效率上比加减法更快。所以我们把加减法看作第一级运算，把乘除法看作是第二级运算就是这个意思。

这种类似的例子在实际运用中不胜枚举。

综上所述，运算顺序是人们在生产和生活实际基础上为了使计算更为简单化而规定的，所以这种规定是完全合理的。

什么是"罗素悖论"

你听过这样一个故事吗？一天，萨威尔村的理发师挂出了一块招牌：村里所有不自己理发的男人都由我给他们理发，我也只给这些人理发。于是有人问他："您的头发由谁理呢？"理发师顿时哑口无言。

我们知道如果他给自己理发，那么他就属于自己给自己理发的那类人。但是，招牌上说明他不给这类人理发，因此他不能给自己理发。如果由另一个人给他理发，他就属于不给自己理发的人，而招牌上明明说他要给所有不自己理发的男人理发，因此，他应该自己理。由此可见，不管如何推论，理发师所说的话总是自相矛盾的。

这就是著名的"罗素悖论"。它是由英国哲学家罗素提出来的，罗素把关于集合论的一个著名悖论用故事通俗地表达出来。

1874年，德国数学家康托尔创立了集合论，并很快渗透到大部分数学分支学科，成为它们的基础。

到19世纪末，全部数学几乎都建立在集合之上了。就在这时，集合论中接连出现了一些自相矛盾的结果，特别是1902年罗素提出的理发师故事反映的悖论，它极为简单、明确、通俗。于是，数学的基础被动摇了，这就是所谓的第三次"数学危机"。

此后，为了克服这些悖论，数学家们进行了大量的研究工作，由此产生了大量新成果，也带来了数学界观念的革命，促进了数学学科的健康发展。

你知道"负数"
最早产生于哪里吗

在记账的时候，要把收入与支出区别开来，区分的办法很多，如：

第一，收入写在一格，支出写在另一格。

第二，写清楚具体数字，如"收入100元"，"支出50元"。

第三，用颜色来区别，如黑字表示收入，红字表示支出。

第四，在支出的钱数前面写一个"–"号，表示从存款中减去这一笔。

这些办法都被会计师采用过，但最简单快捷的还要数最后这个办法。

当人们最初想

到这种简单的记账方法时，他们实际上已经创造了一种新的数——负数。最早使用负数的国家是中国，公元1世纪已经成书的《九章算术》里，系统地讲述了负数的概念和运算法则。那时用红字表示正数，用绿字表示负数。印度人从7世纪开始用负数表示债务。在欧洲，直到17世纪，还有很多数学家不承认负数是数呢！

我们也常常碰到意义相反的量：前进多少里与后退多少里，温度是零上多少度与零下多少度，结算账目时盈余多少元与亏损多少元，公元前多少年与公元后多少年……有了负数，区别意义相反的量就方便多了。

在数学里，有了负数，数之间的减法便通行无阻。

为什么一个数乘以真分数，积不是大了而是小了

乘法是求几个相同加数和的简便算法，一般来说，越乘越大，积要大于被乘数。但有时也会出现越乘越小的现象，也就是积小于被乘数的情况。例如：每千克毛线28元，2千克多少钱？2.5千克多少钱？0.5千克多少钱？

根据题意可知：

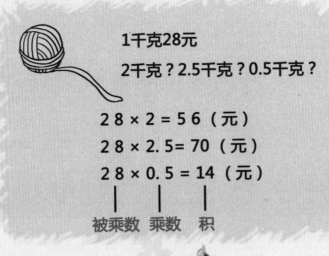

1千克28元

2千克？2.5千克？0.5千克？

2 8 × 2 = 5 6 （元）

2 8 × 2.5 = 70 （元）

2 8 × 0.5 = 14 （元）

| 被乘数 | 乘数 | 积 |

28×2=56（元）；

28×2.5=70（元）；

28×0.5=14（元）。

从上面可以看出，乘数大于1，积大于被乘数；乘数小于1，积小于被乘数。因为分数乘法的意义是求一个数的几分之几，就是求整体的一部分，而部分数不会大于总数，所以积一定小于被乘数。也就是说，当一个数乘以真分数时，会越乘越小。

你知道"数学黑洞"吗

在古希腊神话中，西西弗斯被罚将一块巨石推到一座山的山顶上，但是无论他怎么努力，这块巨石总是在到达山顶之前不可避免地滚落下来，于是他只好重新再推，永无休止。著名的"西西弗斯串"就是根据这个故事而得名的。

什么是西西弗斯串呢？就是任取一个自然数，例如35962，数出这个数中的偶数个数、奇数个数及所有数字的个数，就可得到2（两个偶数）、3（三个奇数）、5（总共五位数），依次记录这三个数便组成了下一个数字串235。对

235 重复上述程序，就会得到123，将数字串123再重复进行，仍得123。对于这个程序和数的"宇宙"，123就是一个数字黑洞。

是否每一个数最后都能得到123呢？我们不妨用一个大数试试看，例如：8 888 887 777 444 992 222，在这个数中，偶数、奇数、全部数字个数分别为13、6、19，将这三个数合起来得到13 619，对这个数字串重复上述程序得到145，再重复上述程序得到123，于是便进入"黑洞"了。

这就是数学黑洞"西西弗斯串"。

单位面积与面积单位一样吗

　　我们在测量物体的表面积时，经常说它有多大的单位面积，而它的面积单位是平方米、平方厘米等。你知道什么是单位面积？什么是面积单位吗？

　　首先，单位面积与面积单位是两个不同的概念。常用的面积单位有平方米、平方厘米等。单位面积则不同，任意大小的面积都可以作为单位面积。例如，测量教室的面积，除了用

1 厘米

1 厘米

单位面积：1×1=1（平方厘米）
面积单位：平方厘米、平方米、平方千米等

平方米作为单位之外，我们也可以用练习簿的大小作为单位面积，或者以讲台面积的大小作为单位面积来度量。平常我们所说的单位面积大多是指 1 个面积单位，即 1 平方厘米、1 平方米等。

小数点能随便移动吗

我们知道，小数点移动了，小数的大小就会发生变化，所以小数点不能随便移动。

德国弗赖堡大学化学专家劳而赫在研究化肥对蔬菜的有害作用时，无意中发现菠菜含铁量只有教科书和手册里所记载数据的 1/10。这位科学家感到很奇怪，因为多年来营养学家和医生都认为菠菜中含有大量的铁，有养血补血的功能。他为

① 4米

② 0.4米

③ 0.04米

④ 0.004米

小数点向**左**移动一位，原数**缩小**10倍。

小数点向**左**移动二位，原数**缩小**100倍。

小数点向**左**移动三位，原数**缩小**1000倍。

了解开这个谜，对多种菠菜叶子反复进行化验，并未发现菠菜的含铁量比别的蔬菜高很多，于是他开始探索这个错误数据的来历。最后发现，原来是印刷厂工人排版时，不小心把小数点向右移动了一位，把数扩大了10倍。由于印刷厂工人的疏忽，人类被蒙骗了近一百年！从这里我们可以看出，小数点虽小，作用可不小，不能忽视，也不能随便移动。

你知道长度单位"米"
是怎么确定的吗

我们每天都在用"米"作为测量长度的单位，那你知道长度单位"米"是怎么确定的吗？早在1790

年，法国国民议会决定，采用巴黎子午线长度的四千万分之一作为长度的基本单位。直到1799年，人们根据测量结果制成一根3.5毫米×25毫米短形截面的铂杆，将此杆两端之间的距离定为1米，并交法国档案局保管。

可是，这样的器具有很多缺点：材料会变形；精确度不高；一旦毁坏，不易复制。为了弥补米原器的缺点，20世纪以来，各国计量工作者都致力于研究应用自然光波来代替米原器。1960 年，国际计量大会通过"米"的新定义，决定以规定条件下元素氪的同位素（^{86}Kr）原子在真空中辐射的光波长度，作为世界统一的公制长度单位。

1983 年 10 月，在法国巴黎举行的第十七届国际计量大会上，又正式通过了"米"的新定义："米为光在真空中，在 1/299 792 458 秒的时间间隔内运行距离的长度。"

你了解解数学题的思路吗

　　解数学题的基本思路是分析法和综合法。分析法就是从要求的问题出发，逐步追溯到解答所需的已知条件，这就是执果索因的解题方法；从已知条件入手逐步推算到最后要解答的问题，这就是由因导果的解题方法。例如：商店原有糖果80千克，又运进糖果3箱，每箱60千克。现有糖果多少千克？

分析法的解题思路为：1. 现有糖果多少千克？ 2. 原有糖果 80 千克，又运进糖果多少千克？ 3. 又运进糖果 3 箱，每箱 60 千克。

综合法的解题思路为：又运进糖果 3 箱，每箱 60 千克，又运进糖果多少千克？ 60×3=180（千克）；原有糖果 80 千克，现有糖果多少千克？ 180+80=260（千克）。

但在实际运用中，分析法和综合法是相辅相成的。在用综合法思考问题时，要随时注意题中的问题，考虑为解决所提的问题需要哪些已知数量，因此，综合中有分析。同时，在用分析法思考问题时，要注意题中的已知条件，考虑哪些已知数量搭配在一起可以解决问题，因此，分析中有综合。也就是说，在现实生活中，我们思考问题是既有分析又有综合的思维活动。

怎样区别一道题是数学文字题还是应用题

在小学阶段，我们既要掌握数学文字题又要掌握应用题。那么你知道它们之间有什么区别吗？本来它们之间没有严格的界限，也没有准确的定义，但它们对计算有不同的要求。如：应用题允许分步列式解答，算完后要写答话，而文字题则要列综合算式，算完后不写答话等。所以要加以区分。

一般来说，可以从两个方面来加以区分。

1. 从具体内容区分。应用题所描述的问题大都与日常生活和生产中的实际问题有关；而文字题则是纯数学问题，已知

文字题：运用综合算式解答，350减去30乘以3的积，差是多少？

$$350-30\times3$$
$$=350-90$$
$$=240$$

应用题：学校有7只白兔，9只黑兔，一共有多少只兔子？

$$7+9=16（只）$$

答：一共有16只兔子。

数量只是一些抽象的数字和字母。

2.从数量关系上区分。在文字题中，由于使用了较多的数学术语，问题所反映的数量关系比较明显，求未知数量所需要的运算以及这些运算的顺序都是题目直接给出的；而在应用题中，解答问题所需要的运算以及这些运算的顺序则没有直接给出，数量关系往往隐含在对具体事实的描述之中。

怎样解数学文字题

数学文字题就是用文字表达数与数之间关系的题目，它是由数学名词术语、数字与问题三部分组成的题目。例如："874 加上 20 乘以 6 的积，和是多少？"

解这类题的一般思路有两种：

1. 顺推法：就是顺着题目的叙述顺序思考列式。如：32 与 15 的积减去 13 与 21 的和，差是多少？我们可以这样想："32

顺推法：就是顺着题目的叙述顺序思考列式。

倒推法：就是从问题出发，先确定最后一步运算，再确定参加这一步运算的数是怎样得来的，这样依次推上去。

与 15 的积"就是"32×15"，"13 与 21 的和"就是"13+21"，"差是多少"，也就是说：32×15 —（13+21）。

2.倒推法：就是从问题出发，先确定最后一步运算，再确定参加这一步运算的数是怎样得来的，这样依次推上去。当需要改变运算顺序时一定要加上括号，如上面那个例子，我们可以这样想：最后一步是求差，那么被减数与减数是什么呢？被减数是 32 与 15 的积，减数是 13 与 21 的和，于是有 32×15 —（13+21）。

你知道"数学奥林匹克"吗

　　我们知道体育上有奥运会，数学竞赛与体育比赛在精神上有许多相似之处，因此，国际上把数学竞赛叫作数学奥林匹克。最早的数学竞赛是匈牙利于1894年举办的，从此以后，许多国家争相仿效举办全国性的数学竞赛。1902年，罗马尼亚首次举办数学竞赛；1934年，苏联首次举办"数学奥林匹克"。之后，保加利亚于1949年，波兰于1950年，捷克斯洛伐克于1951年，南斯拉夫、荷兰于1962年，蒙古人民共和国于1963年，英国于1965年，加拿大、

奥林匹克数学竞赛选拔赛

希腊于 1969 年……也都举办了数学竞赛。

1956 年，著名数学家华罗庚教授等倡导的高中数学竞赛先后在北京、天津、上海和武汉四大城市举行，从而揭开了我国数学竞赛的序幕。

国际性的数学竞赛活动是从 1959 年开始举办的。这一年，罗马尼亚数学学会首先发出倡议，在布加勒斯特举办了第一届"国际数学奥林匹克"，得到了东欧七国的积极响应。此后，每年举行一次国际性的数学竞赛活动。1985 年，我国首次派代表参加了第二十六届"国际数学奥林匹克"。

老板损失了多少钱

　　顾客拿了一张百元钞票到商店买了 25 元的商品，老板由于手头没有零钱，便拿这张百元钞票到朋友那里换了 100 元零钱，并找了顾客 75 元零钱。

　　顾客拿着 25 元的商品和 75 元零钱走了。过了一会儿，朋友找到商店老板，说他刚才拿来换零钱的百元钞票是假钞。

商店老板仔细一看，果然是假钞，只好又拿了一张真的百元钞票给朋友。

你知道，在整个过程中，商店老板一共损失了多少财物吗？

注：商品以出售价格计算。

你能快速画出五角星吗

如果有人问你，你会画五角星吗？你肯定说"会"。可是你会不会快速地画出五角星呢？现在我们就来介绍几种快速画五角星的简单方法。

方法一：首先在纸上画个圆，画出圆的直径 AB 来，然后把 AB 三等分，分点为 C 与 D；过点 C 作 EF 垂直于 AB，交圆周于 E、F；连接 ED 并且延长和圆周交于 H；连接 FD 并且延长和圆周交于 G；最后连接 AH 与 AG，五角星便画好了。也就是说，"直径三分开，飞梭织出五星来"。

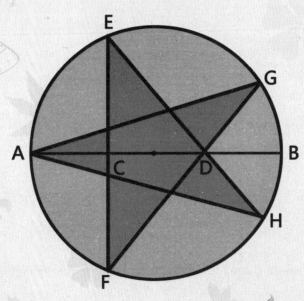

　　方法二：首先在纸上画个圆，圆心为 O，然后画出圆的两条相互垂直的直径 AC 与 BD；之后分别以 C、D 为圆心，以上述圆的半径画弧，两弧交在 OE 点。则 OE 便近似于圆的内接正五边形之边长。自 A 点开始，以 OE 为半径在圆周上依次截出四个点来，连接相邻的两个点，得到的那个正五边形便叫作圆的内接正五边形（因为它的五个顶点都在圆上）。有了这五个顶点，就很容易画出五角星了。简言之，"城外道儿弯，城门五面开"。

放大镜能放大角吗

我们经常看到老爷爷、老奶奶在读书看报时使用放大镜。他们为什么要用放大镜呢？这是因为放大镜可以把书本上的字放大，让花了眼的老年人看得清、认得准。那么，放大镜能放大所有的东西吗？

有一样东西它便放大不了，那就是角。为什么放大镜不能放大角呢？这是因为，放大镜虽然放大了物体，却并没有改变物体的形状。放大镜不能把方形放大成为

圆形，不能把正的字放大为倒的。在放大镜下面，构成角的两条射线的位置都没有变化，本来是垂直的放大以后还是垂直的，本来是斜着的放大以后还是斜着的，因此，这两条射线张开的角度并没有变，角还是那么大。放大镜仅仅是把图形的每个部分成比例地放大，而没有改变图形的状态。若放大镜为10倍的，这个放大比例便是10倍，所有的字都将是原来的10倍那么大。

"圆周率之父"是谁

在月球的背面有一座环形山，这座山的名字叫作"祖冲之环形山"。它是用来纪念中国伟大的数学家、圆周率之父祖冲之的。

为什么说祖冲之是圆周率之父呢？他为人类作出了什么贡献呢？

祖冲之在1500多年前就确定了圆周率在3.1415926和3.1415927之间。西方人直到1000年后才有这样的认识。祖冲之还提出了圆周率的近似值为355/113，与圆周率的真值相差不到万分之一，称为"密率"，又叫"祖率"。

　　此外，祖冲之还制造了计时的漏壶、指南车、水推磨、千里船等。他还第一次提出太阳在地球上连续两次通过春分点所需的间隔天数为365.2428148，这与近代测量结果非常接近。

　　不仅如此，祖冲之还编制了《大明历》。他把过去历法中每19年设7个闰月改为每391年设144个闰月，使每过220年就有一天的误差改进为每1739年才有一天的误差。

容器为什么常制作成圆柱形的

　　我们发现在日常生活中有很多容器都是圆柱形的，这是为什么呢？

　　因为我们生产一件容器，都希望可以用最少的材料来装最大体积的物体，或者说，用同样的材料，制作成容积最大的

容器。

我们知道：一个面积为 100 平方厘米的正方形的周长是 40 厘米；而同样面积的正三角形的周长大约等于 45.6 厘米；而同样面积的圆的周长只有 35.4 厘米。也就是说，面积相同时，在圆、正方形与正三角形等图形中，正三角形的周长值最大，正方形的周长值比较小，圆的周长值最小。因此，装同样体积的液体的容器中，假如容器的高度一样，那么，所需的材料以圆柱形的容器最为节省。因此，容器经常都制作成圆柱形的。